Dr. Brigitte Rauth-Widmann

Goldhamster

Artgerecht halten und pflegen

Inhalt

Gewidmet den 13 Goldhamstern, die uns – neben unzähligen anderen Kleinnagern – bislang durchs Leben begleitet haben: Polly, Frechdachs, Susi, Zwiebel, Tobi, Fipps, Mandli und Wiebli, ebenso Meggy, Lizzy, Romeo, Julia und Teddy, die auch vor der Fotokamera posierten.

Impressum

Copyright © 2005 by
Cadmos Verlag GmbH, Brunsbek
Gestaltung und Satz: Ravenstein, Verden
Fotos: Karl-Heinz Widmann
Druck: Rasch, Bramsche

ISBN 3-86127-070-6

Unbestritten eines der beliebtesten kleinen Heimtiere überhaupt: der Goldhamster

Die Goldies aus dem Wüstensand

Wissenschaftlich beschrieben waren Goldhamster schon zu Beginn des 19. Jahrhunderts. Ihre eigentliche Erfolgsgeschichte begann allerdings erst rund hundert Jahre später, genauer im Frühjahr 1930. Damals, auf einer Exkursion am Nordwestrand der Syrischen Wüste, entdeckten Forscher bei Aleppo einen umfangreichen Bau jener possierlichen Nager mit der typisch dunkel-goldgelben Fellfärbung. Aus dem Schlafnest in rund zwei Meter Tiefe bargen sie ein älteres Weibchen mitsamt seinen Jungen und brachten die Tiere zur Universität in Jerusalem, wo sich einige von ihnen so gut erholten und entwickelten, dass sie sich fortan tüchtig vermehrten. Von dieser kleinen Familie stammen mit ziemlicher Sicherheit sämtliche Goldhamster ab, die jemals in Menschenobhut lebten oder leben: Derzeit sollen es weltweit an die sieben bis acht Millionen Tiere sein.

In Menschenobhut zu Abermillionen gepflegt, zählen Goldhamster in ihrem kleinen Verbreitungsgebiet bei Aleppo in Syrien, in dem sie wild lebend vorkommen, zu den stark gefährdeten Arten.

Von der Wüste ins Wohnzimmer

Unter anderem wegen ihrer hohen Fortpflanzungsrate und kurzen Tragzeit waren Goldhamster zunächst als Versuchstiere sehr geschätzt. Aber schon bald hielten die kleinen Nager auch in Wohn- und Kinderzimmern Einzug, und dies rund um den Globus. Ja, ihre Zahl stieg geradezu explosionsartig an. Auch hierzulande ist diese enorme Popularität seit nunmehr über 50 Jahren ungebrochen. Wen wundert es? Sind die pummelig wirkenden Wesen mit den großen neugierigen Knopfaugen, dem samtweichen Fell und dem kecken Stummelschwänzchen doch ausgesprochen putzig. Ihrem unwiderstehlichen Charme verfallen nicht nur Kinder,

sondern auch erwachsene Menschen. Ihr eindrucksvolles Verhaltensrepertoire begeistert Jung wie Alt. Zudem sind Goldhamster Individualisten, die in der Kommunikation mit uns Menschen ein jeweils unverwechselbares Gebaren an den Tag legen und die darüber hinaus zu jeweils ganz spezifischen Unternehmungen motiviert werden können. So wird jeder Goldie zum Unikat – und damit noch begehrenswerter.

Doch so niedlich sie auch sein mögen: Goldhamster stellen Ansprüche an ihre Haltung und Pflege. Als typische Nagetiere brauchen sie beispielsweise spezielles Futter und Nageutensilien. Außerdem muss die gesamte Käfigausstattung besonderen Anforderungen genügen – nicht nur wegen der unermüdlich arbeitenden

Nagezähne und der Neugierde dieser Tiere, sondern auch wegen ihres Buddeleifers. Unterirdische Gangsysteme mit mehreren geräumigen Kammern lassen sich eben nur anlegen, wenn die Gliedmaßen bestens zum Graben taugen und der Baubewohner ein motivierter und talentierter Schürfer ist. Und unsere Goldies zeigen beides: die anatomischen Voraussetzungen sowie das entsprechende Verhaltensspektrum. Körperstruktur und elementare Verhaltensweisen, wie etwa das Nestbauverhalten, haben sich auf ihrem Weg vom Wildtier zum Heimtier nämlich nicht verändert.

Zudem sind die Tierchen dämmerungs- beziehungsweise nachtaktiv. Auch dies gilt es zu respektieren. In der Wüste beheimatet, konnten Goldhamster den sengenden Sonnenstrahlen nur dadurch entrinnen, dass sie während der kühleren Morgen- und Abendstunden beziehungsweise nachts auf Nahrungssuche gingen, den hellen Tag aber weitgehend verschliefen. Auch heute tun die Tiere dies noch, selbst in ihrem moderat temperierten Hamsterheim. Den Höhlenzugang tüchtig verstopft und gemütlich ins weich gepolsterte Schlafnest gekuschelt – so verbringen sie den überwiegenden Teil des Tages. Reißt man Goldhamster regelmäßig tagsüber aus dem Schlaf, schadet das ihrer Gesundheit erheblich. Nicht nur ihr Wohlbefinden und ihre Ausgeglichenheit leiden darunter, es verkürzt auch ihre Lebenserwartung – die mit zweieinhalb bis dreieinhalb Jahren ohnehin nicht besonders hoch ist. Wer sich für einen Goldhamster als Heimtier entscheidet, sollte sich also vor allem abends zwei bis drei Stunden Zeit für ihn nehmen und ihn tagsüber möglichst in Ruhe lassen.

Nicht minder bedeutend für ihre Gesunderhaltung – aber auch für ein harmonisches Miteinander – ist der richtige Umgang mit den Plüschbällchen. Ungestümes Knuddeln mag ein Goldhamster überhaupt nicht. Selbst behutsames Anfassen kann er nur dann wirklich genießen, wenn er von sich aus dazu auffordert, zum Beispiel indem er auf unsere Hände krabbelt. Obwohl man immer

wieder das Hamsterchen streicheln und knuddeln möchte, sollte man dieses Verlangen zum Wohle des kleinen Hausgenossen zügeln, da er sich sonst bedrängt fühlt und sich dann sogar sanften Berührungen mehr und mehr zu entziehen sucht.

Allein und doch nicht einsam

Die soziale Interaktion, die Goldhamster (bei richtiger Haltung) bereit sind, mit uns zu pflegen, ist wirklich beeindruckend und immer wieder ein Erlebnis. Unter ihresgleichen allerdings schätzen sie Sozialkontakte nicht, denn Goldhamster sind Einzelgänger – strenge

Alle vier Tage wird ein Goldhamsterweibchen brünstig. Nur dann lässt es ein Männchen an sich heran. An diesem Tag verströmt es einen auch für uns gut wahrnehmbaren Lockduft, mit dem es einen potenziellen Paarungspartner über seine Fortpflanzungswilligkeit informiert.

15 bis 19 Zentimeter groß und 100 bis 150 Gramm schwer wird der dunkelaktive Einzelgänger – hier ein Weibchen, das in der Regel größer und schwerer ist als ein Männchen.

sogar. Nur zur Fortpflanzung finden sich die Tiere zusammen. Dann verbringen Weibchen und Männchen mehrere Stunden miteinander – zum Werben und um sich zu paaren. Emsig läuft das Männchen immer wieder so lange hinter seiner Angebeteten her (und stupst dabei auch sanft gegen ihre Flanken), bis diese schließlich innehält und in einer typischen Pose mit auffällig durchgestrecktem Rücken (genannt Lordosis) verharrt und ihm damit signalisiert (erneut) aufzureiten.

Nach einer solchen kurzen Zweisamkeit geht das Männchen schleunigst wieder seiner Wege, während das trächtige Weibchen nun der Geburt seines Nachwuchses entgegensieht. Wenn nach 16 Tagen Tragzeit (der kürzesten unter Säugetieren überhaupt) die fünf bis zehn nackten, blinden, nur knapp zwei Gramm schweren Babys zur Welt kommen, kümmert sich die Goldhamstermutter rührend um deren Aufzucht und Pflege. Doch nach spätestens vier Wochen sind die Kleinen selbstständig und sie weist ihnen die Tür. Die Geschwister bleiben noch bis zum Einsetzen der Geschlechtsreife mit rund fünf Wochen untereinander verträglich. Danach kommt es zu Beißereien, wenn sie sich nicht aus dem Weg gehen können. Was dies für ihr Leben in Menschenobhut bedeutet, ist offensichtlich: Einzelhaltung der Tiere ist Pflicht, denn kein Goldhamster möchte mit (erwachsenen) Artgenossen in einem Heim zusammenleben – ebenso wenig mit anderen Nagerarten wie etwa Rennmäusen oder Zwerghamstern.

Ob Weiß, Creme, Zimt, Karamell, Apricot, Braun, Grau oder Schwarz: Goldhamsterfell besitzt die unterschiedlichsten Farben und Farbnuancen. Hier ein Männchen in einem sehr hellen Grau.

Der Pelz ist vielgestaltig

Einzelhaltung heißt nicht, dass in einem Haushalt nicht mehrere Goldhamster nebeneinander in separaten Unterkünften wohnen können. Mehrere Tiere zu halten macht zwar etwas mehr Arbeit, aber es gibt selbstverständlich noch wesentlich mehr zu beobachten und mit den Tieren zusammen zu erleben als mit einem einzelnen. Jeder Goldie hat nämlich nicht nur einen sehr individuellen Charakter, auch zum Beispiel hinsichtlich seines Fells gleicht kein Tier dem anderen aufs Haar. Die Farben und Zeichnungen des Hamsterpelzes sind äußerst vielfältig, überdies gibt es verschiedene Fellarten.

Wildfarbene Goldies mit der ursprünglichen Farbenkombination Rostbraun, Goldgelb, wenig Weiß und Schwarz (und deren markantem Verteilungsmuster entlang des Körpers) sind nach wie vor äußerst begehrt – doch sie haben Konkurrenz bekommen. Durch jahrelange Züchtungen konnten viele der spontan aufgetretenen Farbmutationen gezielt gefördert und erhalten werden, sodass sich Goldhamster nicht nur in ihrer Wildfärbung, sondern in den unterschiedlichsten Färbungen und Zeichnungen präsentieren, etwa in einheitlichem Grau, zimt-weiß gescheckt oder im so genannten Russen- oder Siamfell, bei dem (bei sonst hellem Haar) nur Ohren, Pfoten und Näschen dunkel gefärbt sind.

Hinweis

Haarkleid und Augenfarbe

Goldhamster mit einem wildfarbenen Haarkleid haben ausnahmslos tiefschwarze Augen. Weil Veränderungen der Fellfärbung aber mit Änderungen der Augenfarbe einhergehen können, steigt die Zahl an Hamstern mit andersfarbigen, zum Beispiel mit hellrosa, rubin- oder dunkelrot gefärbten Augen. Trotz ihrer roten Augen sind solche Tiere keine Albinos, denn sie besitzen (anders als die schneeweißen albinotischen Rotaugen) Farbpigmente in ihren Zellen, genauso wie jene Goldhamster, die zwar ein rein weißes Fell tragen, aber schwarze Äuglein haben.

Doch egal ob Albino oder nicht: Rotaugen sind (wie überall im Tierreich) besonders lichtempfindlich, da ihrer Iris die dunklen Farbpigmente fehlen, die vor grellem Licht schützen. Da Goldhamster jedoch überwiegend im Dunkeln unterwegs sind, resultiert daraus kein nennenswertes Gesundheitsrisiko.

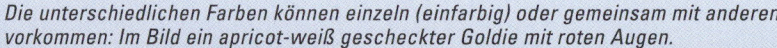

Die unterschiedlichen Farben können einzeln (einfarbig) oder gemeinsam mit anderen vorkommen: Im Bild ein apricot-weiß gescheckter Goldie mit roten Augen.

Ein Langhaarhamster im Alter von sechs Wochen: Noch trägt er sein Babyfell. Erst mit rund vier Monaten haben die Haare ihre üppige Länge erreicht – speziell beim Männchen, denn „Teddyweibchen" haben meist ein etwas kürzeres Fell.

Im Verlauf der Heimtierwerdung der Goldhamster hat sich neben der Färbung und Zeichnung ihres Haarkleides auch dessen Länge und Struktur deutlich verändert. Das natürliche kurze Fell, bei dem die wolligen Haare eng am Körper anliegen, findet man heute ebenso häufig wie ein vor allem am Hinterkörper sehr langes, extrem weiches Haar, das so genannte Angora- oder Teddyfell. Darüber hinaus gibt es Tiere mit einem mehr oder weniger stark gewellten Haarkleid (Rexfell) sowie solche mit einer auffallend glänzenden Fellstruktur, dem Satinfell. Wie die anderen Fellarten so weist auch das Satinfell verschiedenste Farbschattierungen und Zeichnungen auf, allerdings ist der Farbeindruck bei diesem Felltyp (ob in lang- oder kurzhaariger Variante) wesentlich intensiver als bei anderen.

Das Gen, das für die Ausprägung des Langhaarfelles verantwortlich ist, wird rezessiv (also untergeordnet) vererbt. Das heißt, dass in einem Wurf nur dann „Teddyhamster" vorkommen, wenn zum Beispiel beide Eltern langhaarig sind (in einem solchen Fall werden ausschließlich „Teddys" geboren) oder wenn bei zwei kurzhaarigen Paarungspartnern beide Tiere den Faktor für langes Haar in ihrem Erbgut tragen (was man ihnen von außen freilich nicht ansieht). Paart sich ein Langhaarhamster mit einem kurzhaarigen Tier, können ebenfalls „Teddybabys" unter den Wurfgeschwistern sein, aber nur dann, wenn auch der kurzhaarige Partner den Erbfaktor für langes Haar trägt. Satinfell vererbt sich beispielsweise dagegen dominant (also übergeordnet). Das bedeutet, dass die Chance auf Nachkommen mit dieser Fellart theore-

Meggy hatte stets ordentlich Proviant dabei, denn sie wusste: Fotoshootings können dauern ... Trotz ihrer anstrengenden Model-Karriere erreichte sie das biblische Alter von vier Jahren und sieben Monaten.

tisch höher ist, weil es genügt, wenn nur ein Elternteil die Erbanlage für dieses Schimmerfell besitzt und an seine Nachkommen weitergibt. Zwei Satinfell tragende Goldhamster sollten ohnehin nicht miteinander verpaart werden, weil dies oft zu Nachwuchs führt, der ein sehr spärliches Haarkleid entwickelt.

Ob ein Goldhamster besonders ausgeglichen, zutraulich, umgänglich und friedvoll ist oder nicht, liegt weder an seinem Geschlecht noch kann man von seinem äußeren Erscheinungsbild (zum Beispiel von seiner Augenfarbe, seiner Haarlänge, -farbe oder Fellzeichnung) darauf schließen. Unterschiede im Wesen und Verhalten sind vielmehr individueller Natur und werden durch entsprechende Haltungsbedingungen entweder betont oder abgeschwächt.

Mobil dank Hamstertaschen

Ein auffälliges Körpermerkmal, sozusagen das Markenzeichen (fast) aller Hamsterartigen, sind ihre Backentaschen, äußerst dehnbare und mit verhornter Schleimhaut ausgekleidete Hautsäcke, die von den Mundwinkeln bis über die Schultern hinausreichen. An den Zugängen ist diese Haut wulstartig verdickt und mit zahlreichen derben, kleinen Borsten ausgestattet – damit nichts herausfällt. Dass die Tiere über solch fantastische Transportbeutel verfügen, merkt man erst, wenn sie diese befüllt haben, zum Beispiel mit Sämereien, Polstermaterial für die Schlafkammer oder ihren Babys. Letzteres kommt meist nur vor, wenn Muttertiere sich stark bedroht fühlen und ihren Nachwuchs rasch in Sicherheit bringen müssen. Bei großer Gefahr können Goldhamster ihre Backentaschen regelrecht aufpusten, um so wuchtiger zu erscheinen und potenziellen Feinden Respekt einzuflößen. Beim Heimtier wird man dieses Verhalten hoffentlich nie zu Gesicht bekommen.

Ihre legendären Hamsterbacken ermöglichen es den wild lebenden Goldhamstern, die gesammelte Nahrung oder Nestmaterial über große Distanzen unbeschadet zum Bau zu transportieren. Das erweitert ihren Aktionsradius natürlich erheblich. Und so ist es kein Wunder, dass die Tiere dies auch nutzen und während einer ein-

zigen Wachphase Strecken von bis zu vier Kilometer Länge zurücklegen. In der Vorratskammer angelangt, häufeln sie das Gesammelte in einer Ecke auf, indem sie den Inhalt der Backentaschen mit den Vorderpfötchen flink wieder ausstreichen.

Was sich draußen in der Natur bewährt, wird auch drinnen im Hamsterheim eifrig praktiziert, zum Beispiel wenn Fütterungszeit ist: In Sekundenschnelle stopft sich der Goldie dann die Backen voll (knapp 20 Gramm passen hinein) und eilt mit seiner wertvollen Fracht ins Häuschen – selbst wenn der Abstand vom Napf zur Höhle nur wenige Zentimeter beträgt.

Hinweis

Hamsternde Verwandtschaft

Goldhamster besitzen Nagezähne und gehören deshalb zur Ordnung der Nagetiere (Rodentia). Innerhalb dieser Tierordnung unterscheidet man unzählige Familien (zum Beispiel die Wühler, Cricetidae) sowie Unterfamilien (zum Beispiel Eigentliche Wühler, Cricetinae). Zu diesen gehören die buddelfreudigen Goldhamster.

Wegen ihrer Backentaschen zählen sie dort überdies zur Gattungsgruppe der Hamster, zu der auch der Feldhamster (ein so genannter Großhamster) und die verschiedenen Zwerghamsterarten gehören. Da der Goldhamster kleiner als ein Feldhamster, aber größer als ein Zwerghamster ist, trägt er die Bezeichnung Mittelhamster (Mesocricetus) – und wegen seines Haarkleides, das natürlicherweise goldfarben ist (auratus = golden, vergoldet), lautet sein lateinischer Artname Mesocricetus auratus.

Freilauf im Zimmer ist für den wuseligen, kleinen Kobold eher nicht anzuraten – auf seinem Menschen turnen darf er natürlich jederzeit.

Hinweis

Kosten der Goldhamsterhaltung

- *Anschaffungspreis – je nach Fellfarbe und Fellart des Tieres zwischen 7 und 17 Euro*
- *Hamsterheim (zum Beispiel Cricetinarium) – je nach Größe und Material zwischen 40 und 200 Euro*
- *Ausstattung des Heims (zum Beispiel Schlafhäuschen, artgerechtes Hamsterrad) – je nach Ausführung 50 bis 80 Euro*
- *Herstellung und Ausstattung eines Spielgeheges – mindestens 50 Euro*
- *Unterhalt (zum Beispiel Futter, Streu, neues Fitnessutensil) – monatlich rund 10 Euro*
- *Tierarztkosten bei Erkrankung – Kosten abhängig vom Krankheitsbild und der Dauer der Behandlung*

Haltung und Pflege

Als fleißiger Langstreckenläufer braucht der Goldhamster viel Platz zum Leben. Da aber selbst der beaufsichtigte Freilauf dieser flinken, wuseligen Tiere im Zimmer nicht wirklich empfohlen werden kann, heißt es, dem kleinen Hausgenossen anderweitig ausreichend Bewegungsraum zu verschaffen, zum einen im geräumigen Hamsterheim und zum anderen in einem eigens für ihn eingerichteten Spielgehege (siehe folgende Abschnitte). Vielflltig, abwechslungsreich und vor allem artgerecht ausgestattet bieten beide zusammen dann genügend geeignete Beschäftigung für den unternehmungslustigen Gesellen.

Welches Hamsterheim?

Zur Unterbringung von Goldhamstern eignen sich Gitterkäfige und Aquarien gleichermaßen, doch beide haben Vor- wie Nachteile. So lassen sich an Gitterstäben leicht Zwischenetagen einziehen und Hamsterrad, Tränke sowie verschiedenste Spielutensilien montieren. Zudem dienen sie dem Goldie als Trimm- und Klettergeräte. Nur Einstreu halten sie beim Wühlen nicht zurück, sodass diese rasch die Umgebung verunziert. In Aquarien wiederum kann der Hamster nach Herzenslust sogar in tiefster Einstreu buddeln und Gänge graben,

Ein äußerst zweckmäßiges Zuhause: das Cricetinarium – hier eine selbst gebaute Version aus glatten, leicht zu reinigenden kunststoffbeschichteten Spanplatten, einem verzinkten Gittergeflecht (Maschenweite ein Zentimeter) und mit den Maßen 125 (Länge) - 55 (Tiefe) - 50 (Höhe) Zentimeter.

was ihn wunderbar auslastet. Allerdings macht es dort mehr Mühe (oder erfordert Erfindergeist), Ausstattungsutensilien sicher anzubringen oder mehrere Stockwerke zu gestalten. Auch die Möglichkeit zum Klettern und Hangeln muss dem Goldie auf andere Weise verschafft werden, zum Beispiel mit Ästen, Strickleitern oder stabil gebauten Klettergerüsten aus Holz. Ebenso gilt es in solchen massiven Glas- oder auch Kunststoffbecken auf genügend Belüftung im Bodenbereich zu achten, damit sich dort keine Nässe staut.

Der ideale Gitterkäfig

• ist mindestens 80 Zentimeter breit, 50 Zentimeter tief und 40 Zentimeter hoch

• hat horizontal angeordnete, dunkle Gitterstäbe ohne Kunststoffüberzug (freier Gitterabstand maximal ein Zentimeter – auch an den Seitentürchen!)

• hat neben einem Gitterdeckel mehrere große Türen an den Frontseiten und

• eine mindestens 15 Zentimeter hohe, stabile Bodenwanne aus Kunststoff

Das ideale Aquarium

• ist mindestens 100 Zentimeter breit, 40 Zentimeter tief und maximal 40 Zentimeter hoch (ist es höher, kann kein ausreichender Luftaustausch erfolgen, Feuchtigkeit staut sich, womit die Vermehrung von Krankheitserregern begünstigt wird)

• und braucht eine rundum sicher schließende Abdeckung aus einem stabilen Rahmen mit luftdurchlässigem Drahtgittergeflecht (Maschenweite sechs bis zwölf Millimeter), damit die kletterfreudigen Goldies nicht ausbrechen können

Besonders artgerecht und praktisch (aber auch sehr teuer) sind so genannte Cricetinarien, die die Vorteile von Gitterkäfigen und Aquarien gewissermaßen vereinen, nicht aber deren Nachteile aufweisen. Im soliden, geschlossenen Unterboden eines solchen Heimes darf der Goldhamster uneingeschränkt seiner Buddelleidenschaft frönen, im Gitterbereich darüber kann er seine Muskeln trainieren. Kletterstangen, Schlafhöhlen oder Brettchen, die sich dort leicht anbringen lassen, erweitern den Bewegungsraum und machen sein Zuhause noch abwechslungsreicher. Für ausreichend Durchlüftung ist ebenfalls gesorgt, auch unter weitgehend massiven Zwischenetagen.

Haben Sie nicht Lust, Ihrem Goldhamster ein solches Traumheim (dessen Bezeichnung vom lateinischen Familiennamen der Tiere herrührt) selbst zu zimmern? Im Internet finden Sie detaillierte Bauanleitungen.

Die Standortfrage

Goldhamster nagen, scharren, klettern und wuseln geschäftig hin und her – die halbe Nacht. Lautlos geht das nicht vonstatten, weshalb ein Hamsterheim verständlicherweise weder im Kinder- noch im Schlafzimmer seinen Standplatz bekommen sollte. Andererseits darf es auch nicht inmitten eines reinen (Kinder-) Spielbereiches stehen, wo nun der Goldie die meiste Zeit des Tages nicht zur Ruhe kommt. In gedämpfter Geräuschkulisse, bei moderaten Umgebungstemperaturen, ohne Tabakqualm, Zugluft und direkte Sonneneinstrahlung, geschützt in einer Ecke des Raums, etwas erhöht auf einem stabilen Tisch oder Schränkchen – so sieht der ideale Standplatz für ein Hamsterheim aus.

Hinweis

Wenn's dem Goldie zu kalt wird
Erreicht die Umgebungstemperatur dauerhaft Werte unter 12 Grad Celsius, senkt der Goldhamster seine Körpertemperatur drastisch ab und verfällt in einen Dornröschenschlaf. Da er dabei nicht (wie bei einem echten Winterschlaf) längere Zeit durchschläft, sondern regelmäßig alle paar Tage aufwacht, um von seinen gebunkerten Vorräten zu futtern, bezeichnet man diesen Zustand als Winterruhe.

Artgerechte Ausstattung

Viel Platz allein genügt natürlich nicht, um den Goldhamster zufrieden zu stellen. Sein künstlich gestaltetes Zuhause braucht geeignete Bereiche für die Körperpflege, zum Turnen, fürs Nagen, Fressen, Futterbunkern, Schlafen und für das kleine Geschäft (Kotpillen hinterlassen Goldies überall in ihrem Revier, manchmal sogar im Futternapf). In ein artgerecht eingerichtetes Hamsterheim gehören deshalb:

- ein geräumiges Schlafhäuschen (etwa 20 x 20 x15 Zentimeter) aus unbehandeltem Holz (zum Beispiel Buche, Weide) mit abnehm- beziehungsweise aufklappbarem Deckel für die schnelle Kontrolle, unter anderem der gesammelten Vorräte – idealerweise ein Flachdachmodell, das in mehrere Kammern zu unterteilen und (für prall gefüllte Hamstertaschen) mit großen Einschlupflöchern ausgestattet ist

- ein bis zwei Schlafhöhlen aus anderen Materialien wie Ton, Pappe oder ein so genanntes Gras- beziehungsweise Exotennestchen zum Aufhängen – falls der Goldie mal umziehen möchte
- eine Tonschale (Durchmesser 20 bis 25 Zentimeter, Rand etwa fünf Zentimeter) mit Chinchillasand für die Fellpflege, denn Goldies lieben und brauchen das tägliche Sandbaden
- ein bis zwei Ecktoiletten mit gewöhnlicher Einstreu oder Vogelsand befüllt – für das kleine Geschäft, das jeder Goldhamster schon als zehntägiges Baby bevorzugt in einer Käfigecke verrichtet
- zwei standfeste Futternäpfchen, eines für Trocken- und eines für Feuchtfutter (Durchmesser acht Zentimeter)
- eine Trinkflasche: Besonders praktisch sind Nippeltränken, die es für Aquarien auch holzverkleidet und

Weicher Chinchillasand eignet sich für die Fellpflege besser als grober mineralstoffreicher Vogelsand, der das Haar des Goldies sogar schädigen kann.

Dieses Hamsterrad aus Holz ist ein Traum für jeden Goldie: Es hat einen großen Durchmesser (hier 27 Zentimeter), damit die Wirbelsäule beim Laufen keine schmerzhaften Verkrümmungen erleidet, zudem besitzt es eine geschlossene Rückwand und eine vollkommen offene Vorderfront, damit die Beinchen nicht gequetscht oder gar gebrochen werden können, sowie eine griffige, durchgängige Lauffläche ohne pfotenschädigende Kunststoff- oder Metallsprossen.

mit stabiler Standvorrichtung oder Saugnäpfen gibt. Alternativ ein standfestes Wassernäpfchen (Höhe maximal vier Zentimeter), das erhöht aufgestellt werden muss, damit es nicht mit Einstreu zugescharrt wird

- eine mindestens zehn Zentimeter tiefe Lage Einstreu. Geeignet sind wenig staubende, grobe Kleintierstreu oder Einstreugranulate etwa aus Buchenholz. Speziell um Langhaarhamstern die Fellpflege zu erleichtern, bietet es sich an, diese Einstreumaterialien miteinander zu mischen und zudem ein paar Hände voll Wiesenheu und Pappeschnipsel unterzumengen. Eine solche gemischte Einstreu erhöht auch die Stabilität der Röhrenbauten der Tiere. Für „Teddyhamster" hat sich auch die Verwendung von Strohpellets bestens bewährt
- Nestmaterial: Ideal ist ein Mix aus reichlich unparfümiertem Toilettenpapier, Papiertaschentüchern,

In freier Wildbahn legen sich Goldhamster einen geräumigen Bau an, der aus einer Vorratskammer, einer Toilettennische und einem mit weichem Material ausgepolsterten Wohnbereich besteht. Wie schön, wenn sie dieses Verhalten dank geeigneter Käfiggestaltung auch als Heimtiere ausleben können. Wichtig: Sämtliche Einrichtungsgegenstände müssen stabil gelagert sein, damit sie nicht zusammenstürzen und den Goldie unter sich begraben.

Küchenkrepp und frisch duftendem Wiesenheu. Verwenden Sie auf keinen Fall (Hamster-) Watte oder Wolle! Goldhamster können sich darin verheddern und sich Gliedmaßen abschnüren

• verschiedene Fitnessgerätschaften wie große Steine, Holzleitern, dicke Zweige von Buchen, Weiden, Haselnuss- oder Obstbäumen (vorher gut abwaschen und trocknen lassen!) zum Klettern, Hangeln und Beknabbern; Papp-, Kork- und Holzröhren zum Durchkriechen und Zerhäckseln; und ein Hamsterrad, aber bitte nur eines, das tierschutzgerecht gebaut ist (siehe Foto), sonst besser auf dieses zusätzliche Trimmgerät verzichten!

Holz, Ton und Keramik sind empfehlenswerte Materialien für die Inneneinrichtung des Hamsterheims. Utensilien aus Kunststoff werden dagegen umgestoßen, benagt und eventuell gesundheitsschädigende Teilchen davon abgeschluckt. Gerade für Ecktoiletten, Sandbad, Futter- und Wassernäpfchen sind standfeste, glasierte Ton- und Keramikwaren ideal. Schlafhäuschen wählt man besser aus Holz oder unglasiertem Ton, damit sich kein Schwitzwasser an den Wänden niederschlägt.

Hamster sind echte Klettermaxen. Sogar kopfüber können sie munter hangeln. Treffen sie bei diesen Aktivitäten jedoch auf ein Hindernis oder versagt die Muskelkraft ihrer Vorderbeinchen (die Hinterhand ist weniger gut bemuskelt und taugt kaum für den Hangelsport), dann lassen sie sich oft einfach fallen. Das birgt Gefahren. Daher sollten Sie bei der Käfigausstattung auf spitzkantige Gegenstände verzichten und die Abstände von der Käfigdecke zum Boden durch passende Zwischenarrangements so gering wie möglich halten. Bei Aquarien darf dadurch aber keinesfalls die Durchlüftung der Bodenbereiche leiden.

Hinweis

Pflegemaßnahmen für den Goldhamster
Täglich

- Feuchtfutter vom Vortag entfernen
- Futterschalen säubern
- Nippeltränke kontrollieren beziehungsweise Wasserschale säubern und befüllen – das Trinkwasser darf ruhig etwas abgestanden sein, da es für den Goldhamster bekömmlicher ist als das chlorgasge-schwängerte Frischwasser direkt aus der Leitung
- Feuchtes Nestmaterial entfernen und trockenes anbieten
- Toilettenschälchen säubern und mit frischer Einstreu befüllen
- Kontrollieren, ob das Mobiliar noch vollkommen intakt ist (ist noch alles stabil arrangiert, kein Gegenstand schadhaft geworden?)
- Am frühen Abend Trockenfutter geben
- Sobald der Goldie munter ist, Feuchtfutter reichen – und ein Leckerchen direkt aus der Hand, entweder ein Bröckchen gekochtes Ei oder ein Würfelchen Hartkäse
- Wenn er mag, Streicheleinheiten verteilen, bis er genug davon hat – gleichzeitig kurze Überprüfung seines allgemeinen Befindens
- „Teddyhamster" bürsten
- Am späten Abend gemeinsamer Ausflug zum Abenteuerspielplatz (siehe im letzten Kapitel im Abschnitt „Gemeinsam Spaß haben")

Wöchentlich

- Trinkflasche reinigen und frisch befüllen
- Sandbad erneuern, hierfür verschmutzten Sand in Kompost entleeren (Vorsicht, nichts davon in den Abfluss schütten, hartnäckige Rohrverstopfung droht!), Schale heiß auswaschen, gründlich trockenreiben und mit frischem Chinchillasand befüllen
- Durch Kotpillen verschmutzte Einstreu entfernen, falls nötig, frische Streu ergänzen

Monatlich

- Großputz (siehe unten)
- Gründlicher Gesundheitscheck (siehe im letzten Kapitel den Abschnitt „Wenn der Hamster krank wird").

Rundum gepflegt

Die nötigen Pflegemaßnahmen bei der Goldhamsterhaltung sind nicht aufwendig, müssen aber regelmäßig durchgeführt werden, damit die kleinen Heimtiere sich wohl fühlen und gesund bleiben. Auch Kinder können dabei mithelfen – das stärkt ihr Verantwortungsbewusstsein. Organisieren Sie auch bitte, wer Ihren Goldhamster versorgt, wenn Sie in Urlaub fahren. Haben Sie einen verantwortungsbewussten Nachbarn, der während Ihrer Abwesenheit die Pflege übernehmen kann?

Nach dem Großputz sollte sämtliches Mobiliar an denselben Stellen platziert werden wie zuvor. Die ungewohnte Frische in seinem Zuhause bedeutet für den Hamster schon Stress genug. Möchten Sie die Einrichtung etwas verändern, tun Sie dies besser beim kleinen Reinemachen.

Schon ab ihrem 15. Lebenstag wissen Goldies instinktiv: Nach jedem Aufstehen steht die gründliche Ganzkörperreinigung auf dem Programm.

Je größer das Hamsterheim ist, umso seltener ist ein Großputz fällig. Hierfür werden alle Einrichtungsgegenstände aus dem Gehege genommen, mit heißem Wasser (ohne chemische Zusätze!) gereinigt und abgetrocknet. Auch die Einstreu wird dann restlos entfernt und der Käfig (Bodenschale, Gitterstangen) beziehungsweise das Aquarium oder Cricetinarium samt Abdeckung gründlich abgewaschen und geschrubbt. Bevor die Innenausstattung wieder an ihren Platz kommt und frische Einstreu eingefüllt wird, muss alles absolut trocken sein, damit sich kein Schimmel bildet, der sowohl für die Atemwege als auch den Magen-Darm-Trakt des Hamsters gefährlich werden kann.

Vibrissen putzen, Pfötchen lecken, Gesichtchen schrubben und Fell kämmen genügt bei Kurzhaarhamstern, um das Haarkleid gepflegt zu erhalten.

Hinweis

Wichtiger Hinweis

Schwangere Frauen sollten sich keinen jungen Hamster ins Haus holen! In sehr seltenen Fällen können diese Tiere akut mit einem Virus infiziert sein, der ansonsten meist harmlos ist, Ungeborene aber lebensbedrohlich schädigen kann (LCM-Virus). Von Goldhamstern, die älter als sechs Monate sind oder die bereits seit längerem zu Hause gepflegt werden, geht keine Gefahr für den Fetus aus.

„Teddyhamster" brauchen Unterstützung bei der Fellpflege. Täglich ein paar sanfte Striche mit einem Staubkamm, einer Kurzkopfzahnbürste oder einem speziellen Hamsterkamm – und auch ihr Fell ist wieder in Topform. Wichtig ist eine frühzeitige und behutsame Gewöhnung an diese Prozedur.

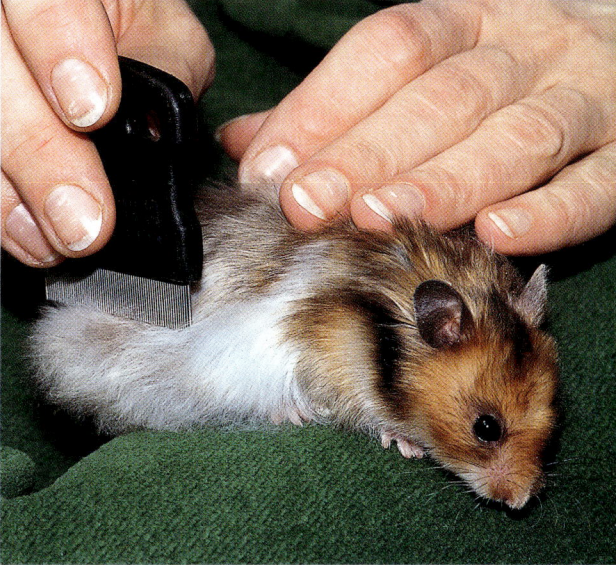

Ein Stückchen harter Hundekuchen ist gut, um die Schneidezähne auf natürliche Weise abzuwetzen.

Ernährung

Getreidekörner, Gräsersamen, Obst, Gemüse, Nüsse, frische Kräuter und etwas Tierisches, zum Beispiel kleine Insekten und deren Larven – das würde sich der Goldhamster draußen zum Futtern suchen. Da dies aber nicht möglich ist, liegt es an uns, ihm diesen umfangreichen Speisezettel zusammenzustellen. Viel Nahrung braucht der kleine Hausgenosse nicht, aber vielfältig und ausgewogen muss sie sein – und frei von Nahrungsmittelschädlingen wie Motten, Milben oder etwa Pilzsporen.

Achtung, verdorbenes oder verschimmeltes Futter führt rasch zu heftigen Verdauungsstörungen und einer lebensbedrohenden Mangelernährung – bei der täglichen Kontrolle der Nahrungsvorräte lassen sich Gefahrenherde jedoch rasch entdecken und entfernen.

Trockenfutter

Trockenfutter bekommen Sie als so genannte Fertigfuttermischung im guten Zoofachhandel. Wählen Sie nicht einfach nur Nager-, sondern spezielles Hamsterfutter für Ihren Liebling. Denn Meerschweinchen, Mäuse oder Ratten stellen zum Teil deutlich andere Ansprüche an ihr Futter als Hamster, sodass unter Umständen gezielte Ergänzungen mit bestimmten Zutaten nötig würden. Wenn Sie Ihrem Tier etwas besonders Gutes tun möchten, entscheiden Sie sich für ein Produkt, das ausnahmslos für Goldhamster konzipiert ist. Zwerghamsterfutter enthält nämlich meistens etwas andere Zutaten und vor allem deutlich kleinere Häppchen.

In einem guten Goldhamsterfutter finden sich nur geringe Mengen an stark fetthaltigen Zutaten wie Erdnüssen, Sonnenblumenkernen und Süßem (etwa Rosinen), dafür aber reichlich und vielfältig gemischte Getreidekörner beziehungsweise -flocken (Weizen, Hafer, Gerste, Hirse, Buchweizen), Gras- und Kräutersamen sowie getrocknetes Obst und Gemüse. Kaufen Sie keine großen Gebinde, auch wenn das billiger wäre. Diese würden mit Sicherheit verderben. Selbst wenn Ihr Goldhamster so lange hamstert, bis sein Futterspeicher überläuft: Fressen kann er pro Tag nur gut einen Esslöffel voll von seinem Körnerfutter.

Was täglich in ausreichender Menge zur Verfügung stehen muss, ist frisches, aromatisch duftendes Wiesenheu. Gutes Heu enthält Kräuter und verschiedenste Gräser mit Blättern, Blüten und Fruchtständen. Es liefert Mineralstoffe und Spurenelemente für einen gesunden Stoffwechsel und mit seinen Rohfasern (Ballaststoffen) fördert es die Verdauung – darüber hinaus dient es dem Goldhamster als Nestmaterial.

Sammeln aus Leidenschaft: Schon im zarten Alter von 14 Tagen wissen Hamsterbabys, wie man diese Transportbeutel benutzt — das Fassungsvermögen ist dann allerdings noch bedeutend geringer als hier.

Nageutensilien

Nagerstangen- und kräcker, knochenharte Hundekuchen und Zweige von Obstbäumen mit leckerer Rinde und Knospen enthalten wertvolle Mineralien und Nährstoffe. Außerdem sind diese Nageutensilien prima geeignet, die zeitlebens weiterwachsenden Schneidezähne im Ober- und Unterkiefer der Goldhamster in Form zu halten. Denn tüchtiges Nagen schärft und kürzt sie auf natürliche Weise. Dass die Schneidezähne der Gol-

dies (im Gegensatz zu ihren Backenzähnen) zu Dauerwachstum befähigt sind, liegt daran, dass sie statt geschlossener offene Wurzelkanäle besitzen, in denen ständig Baumaterial gebildet und in die Zahnkrone nachgeschoben werden kann. Oft wird behauptet, diese Zähne seien wurzellos und deswegen zu ständigem Wachstum befähigt. Doch ohne Wurzeln hätten Zähne überhaupt keinen Halt im Kiefer. Gerade für die stark beanspruchten Nagezähne wäre das unvorstellbar.

Feuchtfutter

Saftiges Frischfutter enthält lebenswichtige Vitamine, Mineralien, Spurenelemente und Flüssigkeit. Ob als frisches Obst, Gemüse oder Kräuter: Eine kleine Menge davon braucht der Goldie täglich, am besten von allem etwas. Entscheiden Sie sich für unbehandelte Produkte vom Biohof oder aus dem Reformhaus, die Sie gründlich waschen und trocken tupfen, bevor Sie sie ins Futterschälchen legen. Füttern Sie möglichst nur so viel, wie Ihr Hamster in einer Nacht verzehrt – andernfalls müssen Sie tags darauf die Reste aus dem Käfig entfernen, damit sie nicht verschimmeln. Bei unbekanntem Frischfutter reichen Sie zunächst nur winzige Häppchen, damit sich sein Verdauungstrakt langsam an die ungewohnte Kost gewöhnen kann.

Nicht auf den Saftfutterspeiseplan des Goldhamsters gehören Avocados (hochgiftig für das Tier), Kohl, Radieschen, Zwiebeln, Rettich und Steinobst. Gesund

Auch wenn der Goldhamster regelmäßig saftiges Frischfutter bekommt: Trinkwasser sollte ihm ständig zur Verfügung stehen.

hingegen sind Äpfel, Birnen, Bananen, Kiwis, Erdbeeren oder Himbeeren, außerdem Karotten (ohne das Grün), Gurken, Zucchini, Sellerie, Mais und Tomaten. Ein besonderer Leckerbissen sind Rosinen, aber zwei pro Woche reichen völlig aus. Auch von einem leckeren Grünfutterkräutercocktail aus Gräsern, Getreiderispen, Löwenzahn (Blüten und Blätter), Ringelblumen- und Gänseblümchenblüten sowie Petersilie und selbst gezogenen Keimlingen (zum Beispiel Alfalfa) profitiert Ihr kleiner Nager sehr.

Tierisches Eiweiß

Sein im Vergleich zur Körpergröße recht kurzer Darmtrakt macht es schon deutlich: Der Goldhamster braucht außer Vegetarischem (das überwiegend im Darm aufgeschlossen und verdaut wird) tierische Nahrung. Sonst ist er unter- und vor allem fehlernährt. Bekommt er dauerhaft zu wenig tierisches Eiweiß zu fressen, führt dies binnen kurzer Zeit zu ernsthaften Krankheitssymptomen wie allgemeiner Schwäche, Abmagerung und Muskelschwund. Regelmäßig genügend tierisches Eiweiß ist für sein Wohlbefinden demnach ausgesprochen wichtig: 15 bis 20 Prozent seiner Tagesration sollte es mindestens ausmachen – das entspricht zum Beispiel einem Bröckchen (ein Zentimeter groß) Hartkäse oder hart gekochtem Ei, einem gestrichenen Mokkalöffel (ein halber Teelöffel) voll Naturjogurt, Magerquark oder Hüttenkäse oder zwei Mehlkäferlarven. Diese so genannten Mehlwürmer bekommen Sie – auch in winzigen Mengen – in jeder guten Zoohandlung.

Geben Sie Ihrem Hamster solch verführerische Leckerbissen stets aus der Hand oder direkt vom Löffel, eine einfache, aber treffsichere Methode, um sich unwiderstehlich für ihn zu machen – ein probates Mittel auch für die Eingewöhnungsphase.

Mit seinen gut bemuskelten Greifhändchen kann der Goldhamster Futter sicher festhalten und zum Mäulchen führen. An den Vorderpfoten haben die Tiere vier, an den Hinterpfoten fünf Zehen.

Kalksteine, Vitamintropfen und andere Nahrungsergänzungsstoffe sind nicht nötig, wenn die Tiere gesund und die Futterrationen ausgewogen sind. Wiesenheu und frische Sprossen wie zum Beispiel Alfalfa vervollständigen das tägliche Menü.

Soll der Goldhamster einmal für maximal zwei bis drei Tage allein zu Hause bleiben, geben Sie ihm neben der doppelten beziehungsweise dreifachen Ration an Körnerfutter, Heu und zum Beispiel Hundekuchen auch genügend feuchte Nahrung. Besser geeignet als Tomate, Banane und Kiwi sind nun Karotten und Äpfel; statt Quark oder Ei geben Sie ein paar Bröckchen Hartkäse – das hält sich länger.

Männchen oder Weibchen? In diesem Alter lassen sich beide nur am Abstand zwischen Geschlechtsöffnung und After unterscheiden: Beim männlichen Goldhamster ist dieser ungefähr doppelt so groß wie beim weiblichen. Später ist das Männchen an den großen Hoden und dem schlankeren Hinterteil zu erkennen.

Mit dem Goldhamster leben

Ein perfekt ausgestattetes Domizil wartet auf den neuen Hausgenossen – endlich kann er einziehen. Ob aus dem Tierheim, einem Zoofachgeschäft oder vom Züchter: Kaufen Sie nur dort, wo Ihnen Haltungsbedingungen und Beratung zusagen und ebenso der Gesundheitszustand der Tiere. Suchen Sie Ihren Goldhamster am frühen Abend aus. Dann ist er munter und Sie können sein Befinden und Verhalten erst richtig beurteilen. Mindestens fünf Wochen sollte der kleine Wicht alt sein, damit er gut bei Ihnen zurechtkommt. Jungtiere werden im Allgemeinen schneller zutraulich, aber auch ältere Tiere wie zum Beispiel aus dem Tierheim lassen sich mit etwas Einfühlungsvermögen meist noch bestens an ein neues Zuhause gewöhnen.

Hinweis

Goldhamster, die gesund sind und sich wohl fühlen,

- *haben große, klare Knopfaugen und ein sauberes Näschen ohne Ausfluss*
- *haben ein glänzendes Fell ohne kahle Stellen*
- *zeigen weder Verletzungen noch Verkrustungen an den Pfoten, den Ohren oder am Rumpf*
- *sind (während ihrer Aktivitätsphase im Dämmerlicht) lebhaft, neugierig und aufmerksam*
- *bewegen sich gewandt und zielstrebig*
- *betreiben ausgiebig Körperpflege*
- *hamstern und fressen mit Appetit*
- *haben keine überlangen Krallen oder Schneidezähne*
- *haben kein kotverschmiertes Fell um den After, sondern setzen feste Kotpillen ab*
- *zeigen kein auffällig häufiges Kratzen*

Mit einer kleinen Menge der vertraut duftenden Einstreu aus dem alten Zuhause kann der Goldhamster in diesem Transportbehälter sicher die Reise ins neue Daheim antreten. In einer solchen Box (Maße 30 x 25 x 25 Zentimeter) können Sie ihn auch unterbringen, während Sie sein Heim einer Großreinigung unterziehen oder ihn zum Tierarzt bringen.

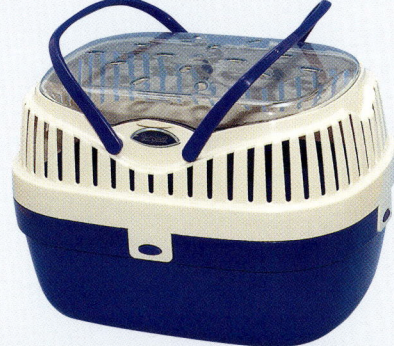

Eingewöhnung

Zu Hause angekommen, platzieren Sie den Transportbehälter im eingerichteten Hamstergehege. Erst dort nehmen Sie behutsam den Deckel ab und arrangieren die Boxunterschale leicht gekippt zwischen zwei Steinen oder Ähnlichem. Dann verschließen Sie das Gehege und überlassen den Neuzugang erst einmal sich selbst. Sobald Ihr Hamsterchen aus der Box herausgeklettert ist, nehmen Sie diese in aller Ruhe aus dem Gehege und stören nicht weiter. Denn während der nächsten zwei bis drei Tage soll Ihr kleiner Nager Gelegenheit bekommen, sein neues Heim ausgiebig zu erkunden. Beschränken Sie sich deshalb aufs Füttern (Toilettenschalen und Sandbad reinigen Sie in diesen ersten Tagen ausnahmsweise nicht) und darauf, ihn zu beobachten. Plaudern Sie jetzt bereits mit Ihrem Tier, so kann es sich schon mal an Ihre Stimme gewöhnen. Was Sie ihm auch erzählen mögen – tun Sie es leise, freundlich und mit hoher Stimme, aber möglichst ohne Zischlaute.

Erst wenn Sie an seinem Verhalten erkennen, dass Ihr Goldie mit seinem Gehege vertraut ist und sich dort sicher und geborgen fühlt, bieten Sie ihm Ihre Hand zum Beschnuppern an. Bewegen Sie die Hand langsam und nicht zu dicht neben ihm. Lassen Sie ihm Zeit! Traut er sich diesmal noch nicht heranzukommen, klappt es sicher beim nächsten Mal. Wenn Sie Ihrem Hamster einen Leckerbissen hinhalten, wird er bestimmt umso mutiger werden. Hat er den Leckerbissen entgegengenommen, ist der erste Schritt zur freundschaftlichen Verständigung bereits getan.

Allmählich dürfen Sie ihm, während er sich Ihrer Hand nähert und den Leckerbissen entgegennimmt, auch mal sanft übers Fell streichen. Mehr aber nicht! Krabbelt er nach ein paar Tagen von allein auf Ihre dargebotenen Hände, können Sie ihn behutsam aufnehmen, einen Moment (in den zu einer seitlich offenen

Höhle geformten Händen – und über dem Gehege bleibend) festhalten und wieder zurücksetzen. Das genügt für den Anfang!

Je langsamer und bedachter Sie bei diesen ersten Kontakten vorgehen, umso rascher gewinnt Ihr Hamster Vertrauen und umso entspannter und ausgeglichener wird er auch in Zukunft sein. Was während der Gewöhnungsphase geschieht, prägt ihn nämlich lebenslang. Beobachten Sie ihn genau und überfordern Sie ihn nicht! Manche Goldies lassen sich bereits nach einer Woche im Zimmer umhertragen, andere erst nach einem Monat.

Der Goldhamster und seine Sinne

Goldhamster können nicht besonders scharf sehen, aufgrund der Anordnung ihrer Kulleräuglein aber sehr gut nach oben und zur Seite, ohne den Kopf drehen zu müssen. Bewegtes erkennen sie dabei am besten – selbst

Düfte spielen in ihrem Leben eine überragende Rolle – und so sind Goldies häufig damit beschäftigt, durch Schnuppern und Lecken Geruchsinformationen aus der Umgebung aufzunehmen.

Pssst! Da war doch was. Dieser aufmerksame Goldie hat seine empfindlichen Lauscher schon längst auf Empfang gestellt.

Auf Dämmerung spezialisierte, große, weit vorstehende Kulleraugen mit fast vollständigem Rundumblick und riesige Tasthärchen: ideale Werkzeuge, um sich bei geringer Helligkeit gut zurechtzufinden.

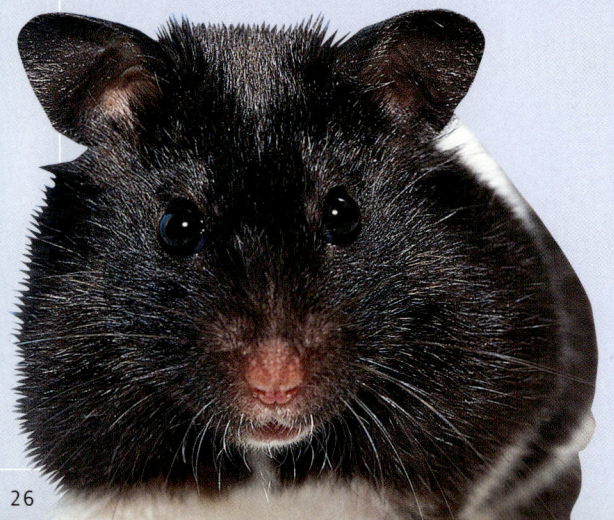

in der Dämmerung. Dies gilt es beim Umgang mit den kleinen Hausgenossen unbedingt zu beachten. Auch sehr gut hören können sie, sogar im Ultraschallbereich. Somit genügt es, sich leise mit ihnen zu unterhalten. Laute Geräusche erschrecken die Nager überdies.

Ihre riesigen Tasthaare im Gesicht weisen schon darauf hin: Auch ihr Tastempfinden ist außerordentlich gut entwickelt. Noch in völliger Dunkelheit können sich Goldhamster mühelos orientieren, aber nicht allein mithilfe dieser empfindlichen Härchen, sondern auch weil ihre Pfötchen mit hochsensiblen Tastrezeptoren ausgestattet sind und ihr Geruchsvermögen äußerst fein ist. Wie viele andere Säugetiere besitzen Goldhamster zwei getrennte Riechsysteme, eines in ihrer Nase und eines am Gaumendach. Besonders Letzteres, das so genannte Vomeronasalorgan (VNO), spielt bei der geruchlichen Verständigung mit Artgenossen eine bedeutende Rolle.

Körper- und Lautsprache

Beim Umgang mit dem Goldhamster ist es wichtig, seine Körper- und Lautsprache richtig zu interpretieren. Im Folgenden sind die wichtigsten „Vokabeln" aufgeführt.

Der Goldhamster

- bewegt sich dicht an den Boden gepresst voran: Er ist noch unsicher in der fremden Umgebung.
- kippt die Ohrmuscheln weit nach hinten: Er ist unsicher, ängstlich, aggressiv.
- wischt sich unvermittelt übers Gesichtchen: Er ist unsicher (Übersprungshandlung).
- zuckt zusammen: Er hat sich erschreckt – vielleicht, weil Sie sich zu rasch bewegt haben?
- liegt reglos auf dem Rücken, die Beinchen vom Rumpf weggestreckt, die Zähne gebleckt: Er hat große Angst und möchte, dass der Widersacher von ihm ablässt.

- hebt Ihnen die Vorderpfoten entgegen, wetzt die Zähne: Er droht und will Sie abwehren.
- kreischt oder faucht: Er droht aggressiv.
- läuft weg, wenn Sie ihn streicheln, oder zwickt in Ihre Finger: Er hat für diesmal genug von einer Interaktion.
- streckt sich, gähnt: Er fühlt sich wohl und behaglich.
- putzt sich ausgiebig am ganzen Körper: Er ist ausgeglichen und fühlt sich wohl.
- macht Männchen (Pfötchen hängen dabei locker vor seinem Bauch): Er ist aufmerksam, interessiert und entspannt.
- hat aufgerichtete Ohrmuscheln und große Äuglein: Er ist neugierig, entspannt.
- macht sich lang und reckt das Näschen vor: Er ist daran interessiert, was sich in seinem Umfeld tut.
- reibt sich mit der Körperflanke an Gegenständen: Er verbreitet die Duftsekrete seiner Flankendrüsen.
- setzt gezielt Kothäufchen oder Urintröpfchen ab: Er markiert sein Revier geruchlich.

Hinweis

Greifen Sie nie von oben kommend über Ihren Goldhamster, zum Beispiel, um ihn aus dem Gehege zu nehmen. Er würde mit Sicherheit die Flucht ergreifen und sich in seiner Höhle verkriechen: Sie könnten schließlich ein todbringender Greifvogel sein. Und verwenden Sie vor dem Kontakt mit Ihrem Nager keine parfümierten Seifen oder Handcremes, das würde seine empfindliche Nase irritieren.

Seine typisch gefalteten Öhrchen zeigen, dass der Hamster gerade erst aufgestanden ist.

Herzhaftes Gähnen und Strecken nach dem Ruhen – danach ist die Körperpflege an der Reihe.

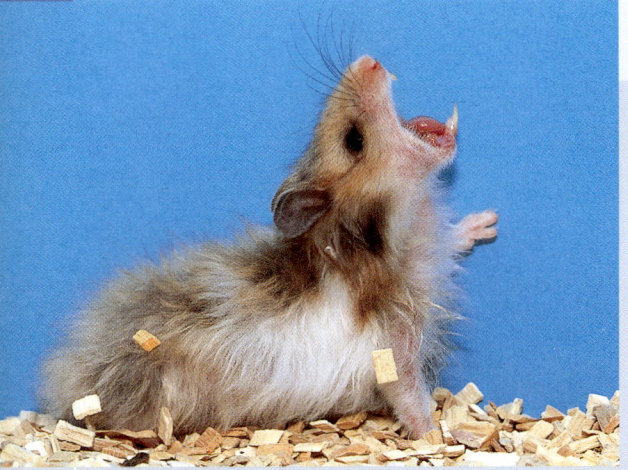

im Alter) wird seine Immunabwehr immer schwächer – schließlich erkrankt er. Ob er seine Krankheit schnell oder überhaupt besiegen kann, hängt entscheidend davon ab, ob diese rechtzeitig erkannt und behandelt wird. Denn sein kleiner Körper hat kaum Kraftreserven, von denen er längere Zeit zehren könnte. Wenn Sie sich täglich ausgiebig mit Ihrem Tier beschäftigen, werden Ihnen selbst geringfügige Veränderungen seines Äußeren und seines Verhaltens nicht entgehen. Bemerken Sie Unregelmäßigkeiten, setzen Sie den Patienten in eine weich und warm gepolsterte Transportbox, legen etwas vom Nestmaterial aus seinem Schlafhäuschen dazu und bringen ihn so rasch es geht zum Tierarzt.

Die Harntröpfchen, die Ihr Goldie absetzt, sind trüb? Keine Bange, das ist völlig normal – und kein Harnwegsinfekt. Auch dass jeden vierten Tag schleimiger Ausfluss aus der Scheide des Weibchens austritt, ist nicht krankhaft, sondern ein Zeichen für seine Fortpflanzungsbereitschaft.

Dunkle Flecken in Hüfthöhe auf beiden Körperseiten sind keine krankhaften Veränderungen von Haut und Haarkleid. Sie zeigen vielmehr den Sitz der Flankendrüsen an, mit deren Sekret Goldhamster ihr Territorium markieren. Beim Männchen treten diese Bezirke stets deutlicher zutage als beim Weibchen.

Wenn der Hamster krank wird

Bei richtiger Haltung und Pflege ist der Goldhamster wenig krankheitsanfällig. Sein Immunsystem ist dann leistungsfähig genug, die unterschiedlichsten Krankheitserreger in Schach zu halten. Bei Stress (ob durch mangelnde Pflege, schlechte Unterbringung, falsches Handling oder unausgewogene Ernährung, aber auch

Hinweis

Krankheitsanzeichen

Der Goldhamster

- ist matt und teilnahmslos
- frisst nicht oder zeigt starken Gewichtsverlust
- hat eine stark gekrümmte Körperhaltung mit gesträubtem, struppigem Fell
- hat Schmerzen, zum Beispiel bei Berührung bestimmter Körperstellen
- beißt plötzlich beim Anfassen oder Hochnehmen
- lahmt oder taumelt
- hat Ausfluss aus der Nase oder den Augen
- niest, hustet oder atmet schwer und rasselnd
- hat einen kotverschmierten After und setzt schleimigen, breiigen, säuerlich riechenden Kot ab
- kratzt sich übermäßig häufig
- hat Hautrötungen oder kahle Stellen im Fell
- hat wunde, entzündete Pfoten oder überlange Krallen
- zeigt Verkrustungen der Haut, zum Beispiel an Rumpf, Nase, Ohrrändern
- hat Schwellungen oder Knoten auf, in oder unter der Haut
- hat überlange Schneidezähne

Tropfen oder fein gemörserte Tabletten verabreichen Sie am sichersten zusammen mit etwas Flüssigkeit mit einer Tuberkulinspritze (ohne Kanüle) direkt ins Mäulchen Ihres Hamsters.

Wärme unterstützt den Heilungsprozess: Wenn Sie in etwa 30 Zentimeter Abstand zu einer seiner Schlafhöhlen eine Rotlichtlampe (150 Watt) anbringen, kann sich der kleine Patient dort aufwärmen und sich wieder zurückziehen, sobald es ihm zu warm wird.

Versteckenspielen auf dem Abenteuerparcours: Das gefällt dem pfiffigen Nager.

Gemeinsam Spaß haben

Hat sich Ihr Goldhamster an sein neues Daheim gewöhnt und in seinem Gehege häuslich eingerichtet, kennt er dort jede Etage, jede Leitersprosse, jeden Winkel und ist er überdies daran gewöhnt, auf Ihre Hände zu krabbeln und sich streicheln zu lassen, dann ist es an der Zeit ihm Abwechslung anzubieten, zum Beispiel auf einem Hamsterabenteuerspielplatz.

An einer geschützten Stelle in einer Zimmerecke (am besten auf Bodenhöhe und mit einer etwa 20 Zentimeter hohen Begrenzung ringsum) lässt sich herrlich ein Erlebnispark für den Goldhamster gestalten, den er bestimmt gern aufsuchen wird. Sie können diesen Auslauf ähnlich gestalten wie sein Gehege, also mit Streu, Unterschlupf und Trinkgelegenheit, nur noch wesentlich geräumiger

und ohne Gitter- oder Glasabsperrungen, die gemeinsames Erleben erschweren. Es versteht sich von selbst, dass der kleine Hausgenosse dort niemals allein gelassen wird. Wieso auch? Hier können Sie ihn wunderbar beobachten, mit ihm interagieren und ihn vor immer neue Herausforderungen stellen – zum Beispiel, indem Sie dort neue, interessante Trimm-dich-Geräte für ihn bereitstellen. Wie wäre es mit einem Riesenhamsterrad fürs Langstreckentraining oder mit einer großen Kiste mit Chinchillasand zum Wühlen? Oder wenn Sie ihn dort fürs Futter mal so richtig schuften lassen, indem Sie es nicht wie gewohnt im Napf servieren, sondern in der Einstreu verteilen, es zwischen Steinen verstecken oder es in luftiger Höhe aufhängen, sodass er sich tüchtig danach recken muss? Schauen Sie zu, wie sich Ihr Goldhamster damit auseinander setzt: Macht es ihm Spaß?

Gänge buddeln: Ein Erbe, dass jeder Goldhamster in sich trägt – und das ihm dabei hilft, seine Krallen genügend abzunutzen.

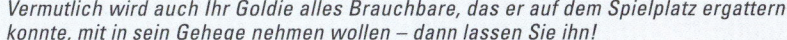

Vermutlich wird auch Ihr Goldie alles Brauchbare, das er auf dem Spielplatz ergattern konnte, mit in sein Gehege nehmen wollen – dann lassen Sie ihn!

Lassen Sie sich immer mal wieder etwas Neues für ihn einfallen – und genießen Sie das Zusammensein mit Ihrem kleinen Liebling.

Nicht nur auf dem Abenteuerspielplatz, auch durch fantasievoll dargebotenes Futter können Sie Ihren Goldie beschäftigen und er hält sich gleichzeitig fit.

- Sperrige Kost wie zum Beispiel eine ungeschälte Wal- oder Haselnuss wird gern umhergeschleppt.
- Nach baumelnden Leckereien wie zum Beispiel gekochten, über eine Leitersprosse oder einen Zweig gehängten Spaghetti wird mit Begeisterung geangelt, mit den Vorderpfötchen ebenso wie mit dem Mäulchen.
- Leckerchen mit Loch, die auf einer Schnur aufgereiht von einer Käfigseite zur anderen gespannt sind, reizen zum Recken und Strecken.

- Kleine, trockene Leckerbissen wie Haselnuss-, Erdnuss-, Kürbis- oder Sonnenblumenkerne, die unter Heu versteckt, tief im Sand verbuddelt oder in eine Astgabel geklemmt sind, entgehen keiner Goldhamsternase. Ihr Meisterschnüffler wird so lange schnuppern, bis er sie alle gefunden und in seine Backentaschen gestopft hat. Bitte nicht mehr als eine Hasel- oder Erdnuss oder zwei bis drei Kürbis- oder fünf Sonnenblumenkerne pro Tag geben, sonst wird Ihr Tier zu dick.
- Nach einem Stückchen Kolbenhirse, Hundekuchen oder Knäckebrot, das Sie unter einem kleinen Karton versteckt haben, wird er genauso eifrig forschen – zunächst muss er freilich ein Loch in die Pappe nagen, um sich Zugang zu verschaffen.

Ausgebüxt? Mit einer leeren Küchenpapierrolle, seinem Schlafhäuschen oder wie hier mit einem Exotennest – und völlig ohne Hektik! – lässt sich der Ausbrecher meist leicht wieder einfangen.